固化淤泥破碎压实筑堤施工技术指南

王柳江　崔红斌　[日]吉田宪幸
臧耀辉　於永雪　刘羽凡　◎编著

河海大學出版社
HOHAI UNIVERSITY PRESS
·南京·

图书在版编目(CIP)数据

固化淤泥破碎压实筑堤施工技术指南 / 王柳江等编著. -- 南京 : 河海大学出版社, 2025. 5. -- ISBN 978-7-5630-9774-6

Ⅰ. TV541-62

中国国家版本馆 CIP 数据核字第 2025RX1746 号

书　　名	**固化淤泥破碎压实筑堤施工技术指南**
	GUHUA YUNI POSUI YASHI ZHUDI SHIGONG JISHU ZHINAN
书　　号	ISBN 978-7-5630-9774-6
责任编辑	金　怡
特约校对	张美勤
封面设计	张育智　刘　冶
出版发行	河海大学出版社
地　　址	南京市西康路 1 号(邮编:210098)
网　　址	http://www.hhup.com
电　　话	(025)83737852(总编室)　(025)83787103(编辑室) (025)83722833(营销部)
经　　销	江苏省新华发行集团有限公司
排　　版	南京布克文化发展有限公司
印　　刷	广东虎彩云印刷有限公司
开　　本	850 毫米×1168 毫米　1/32
印　　张	1.25
字　　数	31 千字
版　　次	2025 年 5 月第 1 版
印　　次	2025 年 5 月第 1 次印刷
定　　价	49.00 元

目　次

1 总则

1.0.1 固化淤泥破碎压实技术是一种将河底或池底疏浚淤泥固化后，再经过破碎压实构筑堤防或对原有堤防进行加固加高的施工方法，目前国内尚未出台关于采用固化淤泥进行筑堤施工的相关行业规范及标准。本指南的制定旨在为固化淤泥破碎压实技术在堤防工程中的应用提供疏浚淤泥固化破碎压实方面的施工技术要求、技术操作流程以及施工质量和耐久性评价方法等，推动固化淤泥破碎压实技术在水利工程中的应用。

1.0.2 本指南适用于河道堤防构筑、堤防加固加高、河道护岸回填等涉及土方填筑碾压施工的水利工程建设。

2 术语和符号

2.1 术语

2.1.1 淤泥 sludge

天然含水率大于液限、天然孔隙比大于或等于1.5的软弱黏性土。

2.1.2 固化剂 curing agent

用于与淤泥拌合，以改善淤泥理化和工程特性的普通水泥、石灰、水泥基等凝固材料，常由若干种无机材料或有机材料以一定的配合比组成，其添加方法有粉状法和浆液法。

2.1.3 GCP固化剂 GCP curing agent

用于固化高含水率疏浚泥的无机水硬性胶凝材料。与疏浚泥充分拌合后，其稳定的胶凝特性，可显著改善疏浚泥的物理力学性质，且能形成满足环境标准并保持长期稳定的固化体。

2.1.4 添加剂 additive

为改善淤泥固化土性能和施工质量，在固化过程中掺入的调节性材料，可以调节淤泥固化土的初凝时间、流动性等性能。

2.1.5 初始固化土 initial solidified sludge

在淤泥中添加固化剂，经养护后没有经过打碎工艺的固化淤泥。

2.1.6 破碎土 crushed solidified sludge

在淤泥中添加固化剂，经一定养护时间后经过打碎工艺的固化淤泥。破碎土经过摊铺、碾压，形成符合工程性能要求的重塑土体。

2.2 主要符号

W_c——1 m^3 淤泥中添加的固化剂质量(kg)；

W/c——固化剂制成浆剂时的水灰比(质量比)；

t_s——初始固化土的养护时间(d)；

t_{CC}——初始固化土破碎压实后的养护时间(d)；

q_{uis}——初始固化土养护 t_s 后的室内无侧限抗压强度；

q_{ucc}——初始固化土破碎碾压成型后的室内无侧限抗压强度；

q_{uFL}——初始固化土破碎碾压成型后的现场无侧限抗压强度；

R——初始固化土破碎压实后的强度折减系数($R=q_{uis}/q_{ucc}$)；

α_{FL}——初始固化土破碎碾压成型后的室内无侧限抗压强度与现场无侧限抗压强度的比值($\alpha_{FL}=q_{ucc}/q_{uFL}$)。

3 材料与性能

3.1 固化剂

3.1.1 采用水泥做固化剂时，宜采用通用硅酸盐水泥，并应符合现行国家标准《通用硅酸盐水泥》(GB 175) * 的规定，固化剂初凝时间不小于 45 min，终凝时间不大于 600 min。

3.1.2 可以添加粉煤灰、矿渣、磷石膏等辅助固化，但需满足环保及性能要求。

3.1.3 采用 GCP 固化剂时，其物理指标应符合表 3.1.1 的要求。

表 3.1.1 GCP 固化剂的物理指标

项目		指标	检验方法
细度(80 μm 方孔筛筛余)/%		≤5	GB/T 1345
比表面积/(m^2/kg)		≥400	GB/T 8074
密度/(g/cm^3)		≥2.5	GB/T 208
凝结时间	初凝/min	≥45	GB/T 1346
	终凝/h	≤15	
胶砂抗压强度/MPa	7 d	≥17.0	GB/T 17671
	28 d	≥32.5	
水稳系数/%	7 d	≥85	附录 A

3.1.4 GCP 固化剂的浸出液制备方法应按《固体废物

---

* 未标年份默认按现行最新标准执行，后同。

浸出毒性浸出方法 水平振荡法》(HJ 557)执行,浸出液重金属含量应符合表 3.1.2 的规定。

表 3.1.2 GCP 固化剂的浸出液重金属限值

项目	限值/(mg/L)	检验方法
总铬	0.05	GB/T 15555.5
六价铬	0.05	GB/T 15555.4
总铜	1.0	HJ 766
总锌	1.0	HJ 766
总砷	0.05	HJ 766
总汞	0.000 05	HJ 597
总镉	0.005	HJ 766
总铅	0.05	HJ 766
总氰化物	0.05	HJ 484
氟化物(以 F^- 计)	1.0	HJ 487

3.1.5 GCP 固化剂的检验应符合以下规定:

1 批号和取样应符合《软土固化剂》(CJ/T 526)的规定;

2 出厂检验与型式检验项目按照表 3.1.3 要求进行,指标要求和检测方法应符合 3.1.3 和 3.1.4 条规定,所有检验项目检测合格,判定 GCP 固化剂为合格品。

表 3.1.3 出厂检验与型式检验项目表

检验项目	出厂检验	型式检验
细度	√	√
比表面积	√	√
密度	√	√

续表

检验项目		出厂检验	型式检验
凝结时间	初凝/min	√	√
	终凝/h	√	√
胶砂抗压强度	7 d	√	√
	28 d	√	√
水稳系数		√	√
重金属含量		×	√

注："√"表示检验项目；"×"表示不检验项目。

3.1.6 GCP固化剂的标志、包装、运输和贮存应符合《软土固化剂》(CJ/T 526)的规定。

3.2 疏浚淤泥

3.2.1 疏浚淤泥应洁净，不宜混有较大的树枝、石块等大体积杂物，且细小的杂物粒径不宜大于50 mm。

3.2.2 疏浚淤泥的含水率宜为40%～120%，应控制含水率不宜大于120%且不应小于40%。

3.2.3 疏浚淤泥有机质含量不宜大于12%。

3.3 GCP固化土

3.3.1 GCP固化土的稳定性应符合以下要求：

1 在水中浸泡至28 d、90 d、180 d龄期，无侧限抗压强度不应随龄期的增长而降低；

2 允许不冲流速应大于河道水流设计流速，试验方法参照附录B。

3.3.2 28 d龄期GCP固化土的浸出液中重金属含量应符合《地下水质量标准》(GB/T 14848)中Ⅳ类限值的规定。

4 设计

4.1 一般规定

4.1.1 破碎压实土构筑的堤防应满足强度和渗透性要求。

4.1.2 疏浚淤泥采用就地开挖的河道湖泊底泥，满足 3.2 条要求。

4.1.3 破碎压实土堤防的工程级别和设计标准应按现行国家标准《堤防工程设计规范》(GB 50286)有关规定执行，同时应符合所在区域的有关规划和规定。

4.1.4 破碎压实土堤防工程设计应具备设计阶段深度所对应的地形地质资料及水文勘测资料。

4.1.5 破碎压实土的强度、应变特性要求接近原有堤防的压实土体。

4.2 工法特征

4.2.1 采用固化淤泥破碎压实技术筑堤时，包括以下步骤：

1 添加固化剂与疏浚淤泥混合搅拌后，经历初始养护天数 t_s；

2 按照规定的最大粒径 D_{max} 进行破碎；

3 采用正常压实土的施工方法，摊铺压实后，形成堤防。

4.2.2 初始养护 t_s 的初始固化土破碎后形成级配连续的颗粒材料，经摊铺压实后形成的破碎压实土塑性变形增强，强度高于正常压实土，变形特性接近正常压实土。

4.2.3 采用破碎压实土进行堤防加固加高，可以避免土体刚度差异引起的新老堤体结合部位开裂。

4.2.4 破碎压实土的强度需考虑初期固化养护天数 t_s 的影响。当 t_s 较短时，破碎压实土的强度损失较少，可以节省固化剂用量，但需要考虑筑堤时的可施工性；若 t_s 过长，破碎压实土能够满足机械施工要求，但强度损失较大，需增加固化剂用量。因此，初期固化养护天数 t_s 的确定需综合考虑破碎压实土的可施工性和固化效果。

4.2.5 考虑初期固化土破碎后的粒径对破碎压实土的强度和渗透性的影响。工程实施前开展现场试验，采用破碎筛分斗对初期养护 3 d 的初始固化土进行破碎，控制最大粒径 D_{max} = 200 mm，得到不同最大粒径的连续级配破碎压实土，将其摊铺压实再养护 7 d，取芯样开展无侧限抗压强度试验和三轴渗透试验(围压 50 kPa)，给出后养护 7 d 的破碎压实土无侧限抗压强度 q_{ucc7} 以及渗透系数 k_{cc7} 与最大粒径 D_{max} 的关系曲线。一般情况下，破碎压实土的粒径越大，破碎压实土的强度和透水性越高。因此，为了满足堤体稳定性要求，需要采用大粒径进行破碎；如果破碎压实土用于防渗体填筑，具有防渗要求，需要采用细粒径进行破碎。

4.3 总体设计思路

4.3.1 破碎压实筑堤总体设计流程包括：工程调查和试验设计、目标强度设计、配合比设计、现场试验、填筑施工等。工程整体设计流程如图 4.3.1 所示。

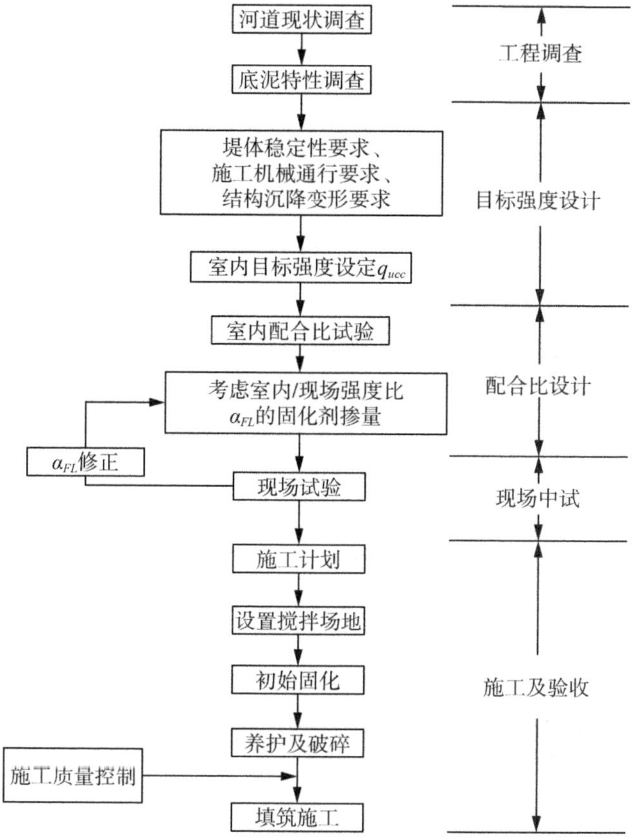

图 4.3.1　工程整体设计流程

4.3.2　本工法的实施流程包括 5 个环节。

1　工程调查：淤泥物理化学性质，有机质、重金属污染物含量等。

2　目标强度设计：根据构筑物的大小及形状，选择同时满足构筑物稳定性和施工机械正常施工要求所需的强度。

3　配合比设计：根据工期要求以及现场可施工场地规模，

初步设计固化剂掺量和初期养护时间，开展固化淤泥破碎碾压的现场小试和中试，根据目标强度确定固化剂掺量。在工期要求不紧、施工场地足够的情况下，通过延长初始养护时间、减少固化剂用量，也可以达到目标强度。

4 现场中试：由于实验室条件与现场实际施工条件有较大区别，施工前需要进行中试，确定实验室设计与现场施工之间的差异系数以及施工设备的可操作性。

5 施工及验收：选择适合现场的搅拌、打碎、碾压设备，规划好施工场地，保证机械设备的正常运转，确保施工进度。土工结构需严格满足设计要求及验收标准。

4.4 工程调查

4.4.1 河道现状调查，具体内容包括：

1 收集堤防的初期勘察资料、设计资料、施工记录等；

2 现有堤身现状调查（包括堤身形状、堤身土质成分、地基状况）；

3 现有堤身土体的力学特性调查；

4 底泥淤积状况（淤积土量、沉积层厚度等）；

5 河道运行状况；

6 河道附近交通状况（是否满足施工机械、设备、固化材料等的运输要求，是否需要进行道路拓宽和加固等）；

7 河道附近的环境。

4.4.2 采集河道上游、中游和下游位置不同深度的淤泥，开展物理化学性质的测试，具体试验项目包括：

1 含水率试验；

2 比重试验；

3 液塑限试验；

4 腐殖质含量试验(可选);

5 pH 测试(可选);

6 强热减重试验(可选);

7 有机质含量试验(可选);

8 重金属污染物试验(可选);

9 有机污染物试验(可选)。

通过上述试验,得到淤泥的基本物理性质指标,包括天然含水率 W、比重 G_s、液限 W_L、塑限 W_p、级配(最大粒径 D_{max}、75 μm 以下的细粒含量)以及有机质含量等。

4.5 目标强度设计

4.5.1 破碎压实土的强度应满足堤防稳定性和碾压机械施工要求,在一些情况下,还需要满足变形稳定性要求。

4.5.2 满足堤防稳定性要求:当堤防高度小于 6 m 时,目标强度确定可不用考虑稳定性;当堤防填筑高度大于 10 m 时,需要开展坝坡稳定分析设定目标强度,坝坡稳定计算按照国家标准《堤防工程设计规范》(GB 50286)有关规定执行。

4.5.3 满足施工机械通行要求:根据推土机、碾压机等施工机械与地基之间的接触应力,设目标强度在 50～500 kPa,并根据实际要求进行调整。

4.5.4 满足结构沉降变形要求:当堤防底部承受的土压力大于土体设计强度时,土体结构会发生破坏,如堤防高度为 10 m 时,底部土体承受的竖向土压力约为 150 kPa,则设计目标强度为 q_{uck}=150 kPa。

4.6 配合比设计

4.6.1 为了确定固化剂类型、掺量以及初始养护时间,需要根据设计目标强度开展室内配合比试验，具体试验流程如图4.6.1所示。

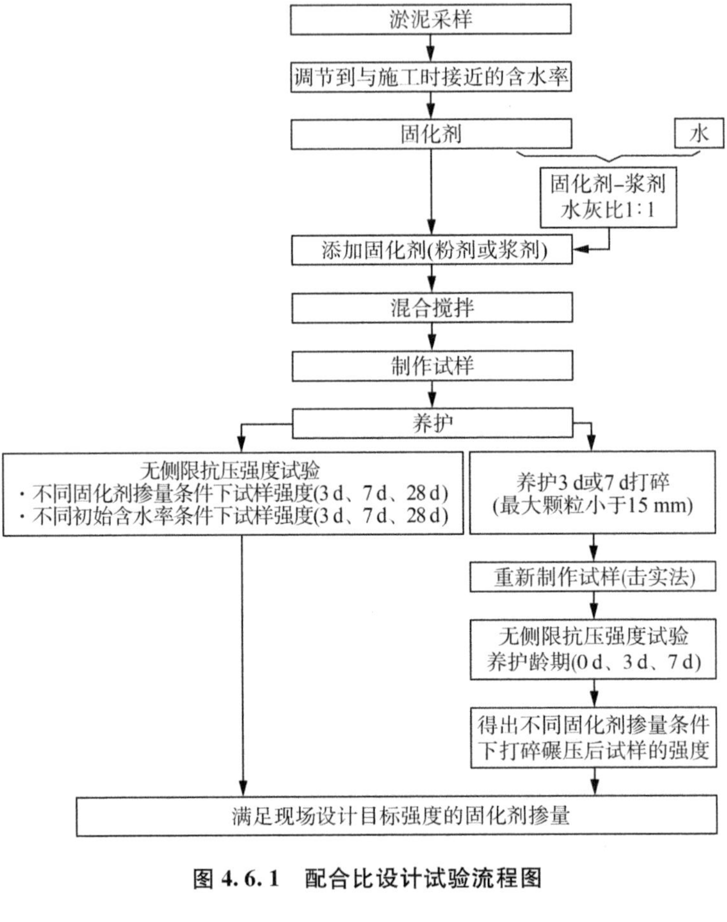

图 4.6.1　配合比设计试验流程图

4.6.2　室内目标强度。开展室内配合比试验时，需要根据设计目标强度(满足堤防稳定性和机械可施工性要求的强度)计算出室内目标强度，计算公式如下：

$$q_{ucc} = \alpha_{FL} \cdot q_{uFL} \tag{4.6.1}$$

式中：α_{FL} 为室内/现场强度比，通常为 0.5～0.8。

4.6.3 初始固化土采用浇筑制样方法，将搅拌后的混合泥浆分层倒入模具（直径 50 mm、高 100 mm），并通过振动法排除试样中的气泡。

4.6.4 破碎压实土采用分层击实方法制样，将初始固化土养护数日后进行破碎，破碎后的土颗粒最大直径小于 15 mm。

4.6.5 试验用的固化剂和疏浚淤泥等原材料必须和施工现场使用的材料一致。

4.6.6 试验淤泥取样位置以及物理化学性质测试参照 4.4.2 条，考虑现场排水条件，使试验淤泥的含水率尽可能接近实际工程的淤泥含水率。

4.6.7 固化剂选择应遵循“材料性价比高、现场适用性强、环境影响小”的原则。

4.6.8 固化剂添加需结合实际工程，采用粉剂或浆剂两种添加方式，粉剂添加可减少固化剂用量，浆剂添加可减少现场粉尘污染且便于搅拌。当原位搅拌深度较深、搅拌头遇到土体阻力较大时，建议采用浆剂添加方式，浆剂水灰比 W/c 控制在 1.0 左右。

4.6.9 通过无侧限抗压强度试验确定固化剂类型、掺量以及破碎压实土的强度损失和强度恢复特性，具体试验内容如下。

1 固化剂选择。选择 3 种以上的不同固化剂，设置相同掺量（如 100 kg/m^3），开展无侧限抗压强度试验，确定 3 d、7 d、28 d 强度，通过对比选择一款合适的固化剂。当淤泥中的有机质含量较高时，建议选用适用于高有机质淤泥的 GCP 固化剂作为比较对象。

2 固化剂掺量确定。根据确定的固化剂类型，选择不同的固化剂掺量（如 50 kg/m^3、100 kg/m^3、200 kg/m^3）进行试验，再根据室内目标强度确定固化剂掺量。该试验分两组进行：

1）第一组针对养护 3 d、7 d、28 d 的初始固化土试样开展无侧限抗压强度试验，绘制不同固化剂掺量下的初始固化土无侧限抗压强度随养护龄期变化的曲线。

2）第二组针对破碎压实土，将初始固化土养护 3 d 和 7 d 后打碎，通过分层击实制备破碎压实土试样，并开展无侧限抗压强度试验，确定满足室内目标强度的固化剂掺量。

3　破碎压实土的强度折减系数确定。针对初始固化土（初始养护天数 3 d、7 d 或其他）开展无侧限抗压强度试验，将同一批试样破碎后制备破碎压实试样，再开展一组无侧限抗压强度试验，通过对比两组试验数据，确定初始固化土经破碎压实后的强度折减系数 R。

4　破碎压实土强度恢复特性。破碎压实土堤防成型后，土体中的固化剂水化反应尚未结束，破碎压实土的强度还会随养护龄期 t_{cc} 持续增长，对 t_{cc} 分别为 0 d、3 d、7 d、28 d 的破碎压实土试样开展无侧限抗压强度试验，得到试样强度随后续养护时间延长而增长的曲线。由于干湿循环等环境因素会带来约 20％的强度损失，破碎压实土后续强度的增长与干湿循环等引起的强度损失基本上可以相互抵消。考虑到设计目标强度为破碎压实后试样（t_{cc}＝0 d）的无侧限抗压强度，因此无需调整现场目标强度。

5　室内/现场强度比确定试验。由于室内试验条件与现场施工条件有较大区别，尤其在固化剂的搅拌均匀度上，室内试验可以做到充分均匀搅拌，但现场搅拌效果很大程度上取决于搅拌设备，搅拌均匀性较室内试验差。这导致现场目标强度与室内目标强度存在一定的差异，需开展现场搅拌土的中试确定室内/现场强度比值 α_{FL}。为了综合考虑施工设备（搅拌、破碎、碾压）以及养护条件对 α_{FL} 的影响，施工前需开展一组与室内试验条件相同（初始含水率、固化剂种类、固化剂掺量、初始养护时间等相同）的现场中试，以确定 α_{FL} 的大小。通常情况下，α_{FL} 在 0.5～0.8。

6 其他试验。根据堤防工程设计要求，可开展渗透试验（渗透系数）、三轴试验（c、φ 值，应力-应变曲线）、浸水试验（水稳定系数）、六价铬浸出试验、现场碾压试验（碾压次数、压实密度、锥形指数）等。

4.7 初期固化设计

4.7.1 破碎压实筑堤施工的初始固化可分为原位固化方法和挖出固化方法。

4.7.2 原位固化方法适用于河道中的水排干且固化搅拌机械能够在上面行走的情况，该方法省去淤泥开挖、运输到搅拌场地的环节，经济高效。

4.7.3 挖出固化方法，指无法满足原位固化施工条件时，将淤泥开挖后运输至固化处理坑内与固化剂混合进行初期固化。

5 施工

5.1 一般事项

5.1.1 为保证安全施工，满足设计要求，实现设计目标，需全面考虑以下事项后编制施工计划：

1 施工概要（施工地点、施工目的、工期）；

2 进行堤坝加高、加固时，需对已有堤坝填土的物理力学性质等进行勘察；

3 对堤坝底部地基土的物理力学性质等进行勘察；

4 施工方法（包括淤泥疏浚方式、具体的固化破碎碾压方法、原有堤坝结合部的开挖方法、加固部分的施工方法等）；

5 工程机械（开挖设备、搅拌设备、破碎筛分设备、碾压设备等）；

6 工程进度表；

7 临时道路、场地规划图；

8 施工管理方法；

9 质量控制（控制项目、管理方法等）；

10 管理组织结构图（从事各种工作的主要人员的组织表等）；

11 安全生产管理方法；

12 环境保护措施。

5.2 施工准备

5.2.1 施工之前，需调查工地附近的交通状况和环境、道路、地形等因素，进行各项准备工作，包括：

1　施工道路及搅拌场地的规划；

2　工程机械设备的工作计划及现场到位情况；

3　施工现场与周围区域的维护（防尘）；

4　河底、池底淤泥施工前的准备工作（如清除浮木、粗垃圾、滚石，挖沟排水等）；

5　防洪措施（安装临时控制池、排水设备等）。

5.2.2　换填区邻近既有建（构）筑物时，应监测换填基坑边坡和建（构）筑物的变形。

5.2.3　基坑开挖时应避免坑底土层受扰动，可保留 180～220 mm 厚的土层暂不挖去，待铺设土工袋垫层前再由人工挖至设计标高。严禁扰动垫层下卧软弱土层，应防止下卧软弱土层被踩踏、受冻或受水浸泡。

5.2.4　基底土工织物施工，应符合以下要求：

1　下铺地基土层顶面应平整；

2　铺设过程中应将土工织物张拉平整、绷紧；

3　土工织物的连接宜采用缝接法或胶接法，接缝强度不应低于原材料抗拉强度，端部应采用有效方法固定；

4　应避免土工织物暴晒或裸露，阳光暴晒时间不应大于 8 h。

5.2.5　土工袋垫层底面宜处于同一标高，如深度不同，基坑底部土层应开挖成阶梯或斜坡搭接，并按先深后浅的顺序进行土工袋垫层的施工，搭接处应夯压密实。

5.2.6　当袋内采用风干软土等弱透水性材料时，土工袋垫层施工前应采取基坑排水措施以避免坑内积水。

5.2.7　土工袋垫层各层铺设完成后袋间缝宜采用中砂、粗砂、砾砂、碎石等透水材料进行填充并找平，整平后进行整体碾压。

5.3 施工流程

5.3.1 初始固化。根据现场状况，开展原位固化或挖出固化。

1 原位固化。原位固化可省去开挖及运输到搅拌场地的环节，但需要对水域进行围堰或导流施工，使底面露出。同时，为了减少固化剂的用量，搅拌前可适当开挖一些排水沟进行预排水，降低淤泥含水率。原位固化可使用粉剂或浆剂固化剂，当固化深度较大时，使用浆剂固化剂更容易进行搅拌。原位固化时可采用带搅拌头以及可控制浆剂固化剂流量的搅拌设备进行移动式搅拌，固化剂与水按照1∶1的质量比制成浆剂。浆剂制备时应注意以下几点：

1）固化剂与水混合搅拌时间至少为1 min，并确认固化料无异常凝结；

2）控制水与固化剂的质量比W/c，测定值应在标准值的±1%以内；

3）搅拌器始终旋转，若由于机械故障必须放置1 h以上，必须处理掉固化剂浆料。

2 挖出固化。在不具备原位固化条件的情况下，将底泥挖出后运到搅拌场地进行适当的自然排水。如果底泥性质（如颗粒级配、有机质含量等）有明显的区别，应进行分类堆放。搅拌时，尽可能将粗颗粒土与细颗粒土按照一定的比例混合，对淤泥的粒径进行优化调配。挖出固化可采用特制搅拌斗、破碎筛分斗或固定式搅拌设备进行搅拌。当处置规模较小时，也可采用挖掘机进行搅拌，但搅拌均匀度比较差，且搅拌效率不高。此外，根据现场情况，可对固化剂的用量进行适当调整。当周边环境具有防尘要求时，可将固化剂做成浆剂进行搅拌。

5.3.2 养护及破碎。初始固化土养护及破碎时应注意以下几点：

1 原位固化土在原位进行养护，然后进行开挖再破碎；

2 异地固化的土养护后直接进行破碎；

3 养护时间根据设计前养护龄期确定，为避免养护期间降雨入渗的影响，表层用防雨布进行覆盖；

4 可采用挖机进行破碎，再用网格斗筛分出 100 mm 以下的破碎土。

5.3.3 碾压施工。用普通推土机进行平整和初压实，每一层平铺厚度不大于 30 cm，若压实密度比较小，可减小平铺厚度至 10～20 cm，然后再用压路机进行碾压，尽可能压实，以没有明显的变形为准。碾压遍数通常不小于 4 遍，可在正式施工前开展碾压试验，确定碾压参数，确保现场压实密度接近于室内试验时的密度。区别于常规压实土，本工法碾压施工时不需要控制最优含水率，且压实质量检测采用强度验收法，不需要采用压实度达到 90％的常规压实土的验收标准。

5.3.4 当采用破碎土作为已有堤坝的加固材料时，需要对原有坝坡进行阶梯式部分开挖，如图 5.3.1 所示，以提高新旧坝体之间的咬合力。

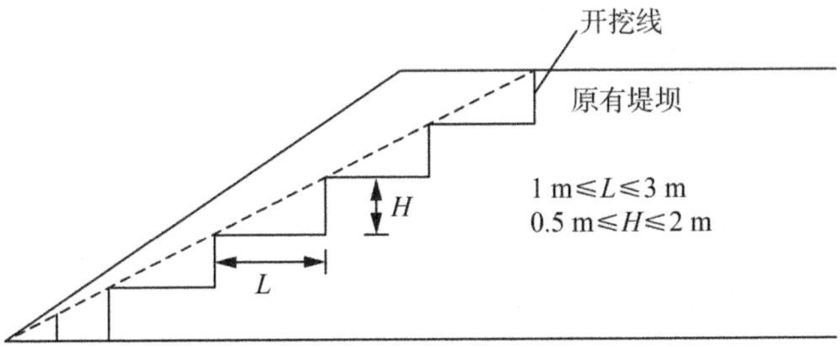

图 5.3.1 原有坝体的阶梯式开挖线

5.3.5 碾压施工注意事项：

1 平铺破碎土时，尽可能使粗颗粒与细颗粒的分布比例均匀，避免产生大颗粒或细颗粒局部集中的现象；

2 平铺厚度与碾压遍数严格按照规定控制实施；

3 平铺与碾压施工沿坝体纵向进行，当天破碎的土当天碾压完毕；

4 确保与原有坝体衔接部位、沿纵向分段施工衔接部位的碾压质量，当采用大型设备施工困难时，可采用蛙式打夯机等进行碾压；

5 针对管路回填等狭小空间内碾压难度大的情况，可采用人工或小型碾压设备碾压，并适当减小平铺厚度；

6 纵向分段施工时，做好衔接部位的重复碾压工作，衔接部位长度不得少于 50 cm；

7 如施工过程中的雨雪天气导致已碾压好的仓面破坏，需将表层土体刮掉，重新进行碾压；

8 当现场淤泥含水率较高时，现场设计目标强度通常以满足施工要求即可，尽可能避免采用超大型碾压设备或其他对承载力要求较高的施工设备。

5.4 施工管理

5.4.1 在施工过程中，需要控制和检查的内容包括：

1 固化剂；

2 搅拌后的养护天数；

3 按规定最大粒径 D_{max} 的破碎程度；

4 平铺厚度及碾压遍数。

5.4.2 与固化剂有关的控制内容：

1 固化剂掺量 W_c（kg/m^3）；

2 固化剂总用量；

3 浆料泵送速率 ΔQ(L/min)。

5.4.3 初期固化管理内容(固化剂添加和搅拌)：

1 搅拌性能的确认(搅拌速度)；

2 搅拌宽度和深度及搅拌次数(原位搅拌)；

3 搅拌区块划分(原位搅拌)；

4 搅拌均匀度的判断(固化物料颜色判断、酸碱指示剂——酚酞试液辅助判断)。

5.4.4 与初始固化土破碎、碾压有关的控制内容：

1 破碎机的破碎性能；

2 破碎后的最大粒径 D_{max}(mm)；

3 破碎土的摊铺厚度 ΔH(cm)；

4 碾压遍数 N(次)。

5.5 施工注意事项

5.5.1 施工注意事项。定期关注暴雨、洪涝等自然灾害信息，时刻做好应对准备。在冬季寒冷地区和夏季炎热地区，需考虑相应的工程防护措施。

5.5.2 寒区施工。当预计日平均气温在 4 ℃以下时，固化反应因低温受冻反应不充分，应停止施工，并注意固化材料存储，采取防寒潮、防风措施。配制固化浆液时，需要控制水的温度，采取水温监测、防冻及加热等工程措施；不工作时，必须确保压力给水软管中的水排空。此外，对于已经施工好的表面，采用具有隔热保温功能的片状材料进行覆盖，以防止表面冻结。

5.5.3 炎热天气施工。在日平均气温超过 25 ℃时，应选择通风良好的场所进行固化物料的储存以及厂房的安装，避免高温造成固化物料质量的劣化。当采用浆料法添加凝固材料时，高温会导致浆料黏度增加，需要监测浆料黏度。

6 质量评价与验收

6.1 一般规定

6.1.1 质量检验与验收应以施工段为检验单元，每个连续作业区划分为一个检验单元，或若干个检验单元按照 500 m^3 的单位划分进行检测验收。

6.1.2 质量检验包括原材料、施工过程的质量控制、淤泥固化土性能等方面。

6.2 质量检验

6.2.1 主控项目。通过测定碾压后的土体强度，来检验是否达到现场设计目标强度。以强度作为检验指标主要考虑以下几点：

1 对于常规压实土，通常以压实度作为土工结构压实验收标准，其原理是通过调节土体含水率使其接近最优含水率，使碾压后的压实度大于 90%，进而提高土体强度，并防止压实土体产生浸水崩塌等现象。固化土为人工改良土，主要通过固化剂的水化反应来增强土颗粒之间的黏聚力和结构性，实现土体强度的增长。通常情况下，固化土的强度是直接评价指标，而压实度是间接评价指标。

2 由于淤泥含水率高，难以进行含水率的调控，因而提出采用先固化再打碎成土的方法，以对土体粒径进行调配，提高后续可压实性、防开裂性，降低固化土的脆性破坏性。

3 在国外，固化土均采用强度法作为检验标准，以 500 m^3

一个单元进行取样，检测无侧限抗压强度。

4 锥形贯入法在现场使用更为简便，可作为日常施工管理检测手段，具体测试方法可参照附录C。日常施工管理时，以日为单位，对每个施工单元开展锥形贯入试验，并将测试结果记录在案。

6.2.2 其他测试项目：

1 渗透系数的测定。针对堤防、坝体等具有防渗要求的土工结构，需开展现场渗透试验或取样开展室内渗透试验。

2 六价铬的浸出试验。当采用水泥基固化材料时，需要以 1 000 m^3 土作为一个单元进行六价铬的浸出试验。试验采用水平振荡法，六价铬的浸出值需小于 0.05 mg/L，具体的试验方法可参照附录D。

6.3 质量验收

6.3.1 质量验收资料。质量验收资料包括：

1 固化剂出厂质量证明文件以及复检报告，当采用工业废渣等非商品固化剂时，应对其环保性能进行检测；

2 配合比试验报告；

3 作业面验收记录；

4 固化土破碎及碾压遍数的记录；

5 现场锥体贯入试验记录及无侧限抗压强度检测报告；

6 六价铬浸出值的检测报告；

7 施工影像资料；

8 质量验收记录。

6.3.2 检验批质量合格要求。检验批质量合格应符合下列规定：

1 主控项目质量检验合格率100%；

2　一般项目质量检测合格率在80％以上，且不合格点的最大偏差值不得大于规定允许偏差值的1.5倍；

3　具有完整的施工质量检查记录；

4　对工程质量验收不合格的，监理单位应责令施工单位进行缺陷修补或返工，并重新进行质量检验与验收。

附录 A
水稳系数试验方法

A.0.1 本试验方法适用于 GCP 固化剂的水稳系数试验。采用标准养护 7 d 最后一天浸水的稳定土试件的无侧限抗压强度与不经过水中浸泡的同龄期试件的无侧限抗压强度之比来评价稳定土的水稳性。

A.0.2 试验材料：

1 试验用土，应符合 GB/T 50145 中低液限黏土的规定，土的有机质含量应小于 5%，土的最大粒径宜不大于 15 mm，且粒径大于 10 mm 土的质量应小于土总质量的 5%；

2 GCP 固化剂，符合本指南 3.1.3 和 3.1.4 条规定的要求；

3 水，符合 JGJ 63 的技术要求。

A.0.3 试件制备及养护：

1 GCP 固化剂掺量应按外掺法计量，为试验用土干土重量的 8%，稳定土混合料含水率应控制在最佳含水率；稳定土混合料的最佳含水率及最大干密度应按 JTG E51—2009（T0804）执行；

2 称量试验用土的电子天平分度值宜为 1 g，称量 ISER 固化剂的电子天平分度值宜为 0.01 g；

3 稳定土混合料的制备宜采用 GB/T 17671 规定的行星式水泥胶砂搅拌机进行机械搅拌，一次搅拌量不宜超过 2 kg，将试验土和 GCP 固化剂混合均匀后加水进行搅拌。拌合时，低速搅拌 60 s，停拌 15 s，同时将黏附于叶片和锅壁上的物料刮入锅中间，接着高速搅拌 45 s。成型时试验室温度应保持在(20±2)℃，相对湿度应不低于 90%；

4 检测试件和基准试件的制备应采用同一批次的试验用土和 GCP 固化剂；

5 试件的成型方法应按 JTG E51—2009(T0843)执行；

6 试件的养护方法应按 JTG E51—2009(T0843)执行。

A.0.4 水稳系数试验方法按以下步骤进行：

1 对于同一配比的稳定土混合料需要制备 12 个试件，分两组，每组 6 个；

2 第一组采用标准养护龄期 7 d，养护龄期最后一天浸于(20±2)℃的水中，第二组采用标准养护至同龄期；

3 将上述两组试件进行无侧限抗压强度试验，试验方法按 JTG E51—2009(T0843)执行。

A.0.5 结果表示。稳定土的水稳系数按式(A.0.5-1)计算，应精确至 1%：

$$\lambda_w = \frac{R_w}{R_0} \times 100 \tag{A.0.5-1}$$

式中：

λ_w——水稳系数(%)；

R_w——标准养护 7 d 最后一天浸水的试件的无侧限抗压强度，单位为 MPa；

R_0——标准养护 7 d 不经过水中浸泡的试件的无侧限抗压强度，单位为 MPa。

附录 B
GCP 固化土允许不冲流速的测定

B.0.1 本附录规定了 GCP 固化土允许不冲流速的测定方法。

B.0.2 试验材料：

用于试验的 GCP 固化土，符合本指南 3.3.1 和 3.3.2 条规定的要求。

B.0.3 试验仪器：

1 旋桨式流速仪；

2 卷尺；

3 游标卡尺。

B.0.4 试验应按以下步骤进行：

1 采集工程项目的疏浚泥，自然风干至含水率为 70%，加入 GCP 固化剂，拌合均匀，以设计掺量配比制备 GCP 固化土。

2 浇筑一条长 3 m、宽 0.2 m 的矩形试验槽，设计水力坡度 0.06，如图 B.0.4-1 所示，浇筑后自然养护 28 d。

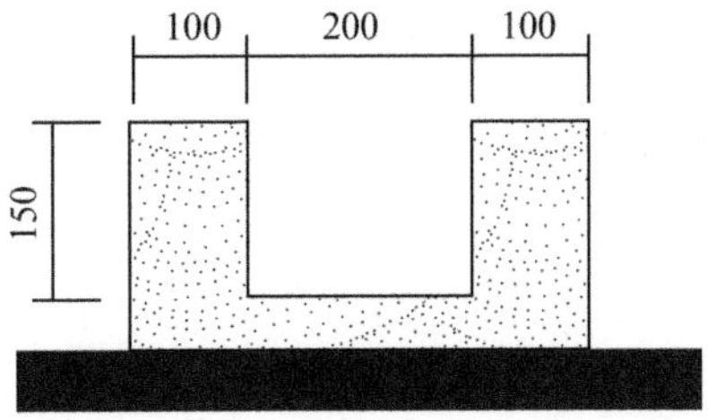

图 B.0.4-1 矩形试验槽(单位：mm)

3 采用水泵抽水，并用阀门调节水泵出水流量。模拟河道冲刷，改变阀门开度，分别选取 $v/2$、v、$v+0.5$、$2v$（v 为河道设计流速，单位为 m/s）四个流速冲刷试验槽，每种流速下保持 5 min 冲刷时间。

4 用游标卡尺测量在流速逐步加大过程中（$v/2$、v、$v+0.5$、$2v$），GCP 固化土水槽冲刷前后各断面底宽的变化，同时观察固化土表面剥落、流失情况。当流速增加至河道设计流速（$v+0.5$）m/s 时，保持冲刷时间 5 min，未发现水槽断面底宽变化且 GCP 固化土表面无剥落和流失情况，即可判定 GCP 固化土的允许不冲流速大于河道的设计流速。

附录 C
锥体贯入试验方法

C.0.1　测试装置及器具如下。

1　贯入装置。贯入装置通常采用锥形计，锥形计采用单管结构，由前端锥头、连杆、压入手柄、荷载计等组成，如图 C.0.1-1 所示，各部件满足以下条件。

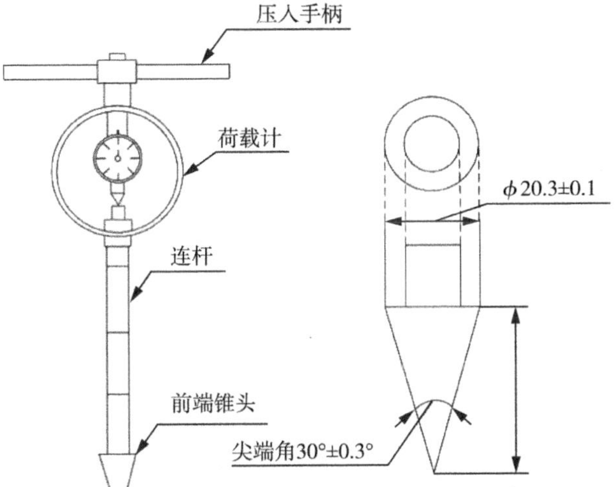

图 C.0.1-1　锥形计示意图(单位:mm)

1) 前端锥头。锥头采用不易磨损且不易生锈的材料，尖端角为 30°±0.3°，底面积为(324±4)mm^2。

2) 连杆。连杆由钢制管制成。

3) 压入手柄。通过压入手柄使锥头以 10 mm/s 的速度匀速贯入土中。

4）荷载计。荷载计的量程为 0.5 kN 或 1 kN，根据预计的土的软硬性，可以以最大穿透阻力±1%的容许误差进行测量。

2 其他器具：

1）直径 50 mm、高 100 mm 的模具；

2）电子秤，可计最小读取值 1 g；

3）网筛，JIS Z 8801－1 中规定的金属制网筛，孔径 4.75 mm；

4）试样挤压器及刮刀，符合 JIS A 1210 规定；

5）土样击实装置，符合 JIS A 1210 规定；

6）水准尺。

C.0.2 土料。

1 室内测试。使用自然含水率状态的土，根据 JIS A 1210 规定的方法，得到的 4.75 mm 粒径以下的土样；如果土壤潮湿，无法通过筛子，手动去除粗大颗粒之后可作为样品；样品准备约 3 kg；试验过程中保持试样的含水率不变。

2 现场测试。自然固结土或碾压密实土。

C.0.3 室内测试方法如下：

1 贯入前应试压锥头，检查连杆、锥头、荷载计等部件工作是否正常；

2 垂直悬挂贯穿装置，必须保证锥头垂直贯入土中；

3 调整荷载计的零点；

4 测量模具及底板的质量 m_1(g)；

5 根据 JIS A 1210 规定的夯实方法制作样品，夯实次数也可以根据试验的目的而变更；

6 以 10 mm/s 的速度贯入，记录前端锥头贯入土体 50 mm、75 mm 及 100 mm 深度时荷载计的数值；

7　对平行样重复试验，结果取其平均值。

C.0.4　现场测试方法如下：

1　贯入前应试压锥头，检查连杆、锥头、荷载计等部件工作是否正常；

2　垂直悬挂贯穿装置，必须保证锥头垂直贯入土中；

3　调整荷载计的零点；

4　平整试验场地，将锥头对准孔位，用分度值为 1 mm 的水准尺校准；

5　以 10 mm/s 的速度贯入，记录前端锥头贯入土体 50 mm、75 mm 及 100 mm 深度时荷载计的数值；

6　在附近位置重复试验，结果取其平均值。

C.0.5　试验应注意以下事项：

1　试验点与已有钻孔、触探孔、十字板试验孔等的距离，不宜小于 20 倍已有孔径，且不宜小于 2 m；

2　试验前应避开地下设施，以免发生意外；

3　由于人为因素或设备的故障而使贯入中断 10 min 以上时，应及时排除故障，其测试数据应舍弃；

4　当贯入预定深度或出现下列情况之一时，应停止贯入：

1）荷载计达到最大容许值；

2）连杆弯曲。

5　试验结束后应及时起拔贯入杆，并立即清洗上油，妥善保管，防止暴晒。

C.0.6　计算。

1　对贯入深度为 50 mm、75 mm 和 100 mm 的贯入阻力进行平均，得到平均贯入阻力 Q_c（N），按照四舍五入规则保留 3 位有效数字；

2　锥形指数由式（C.0.6-1）计算，按照四舍五入规则保留

1 位小数：

$$q_c = \frac{Q_c}{A} \times 10^3 \qquad (C.0.6-1)$$

式中：q_c 为锥形指数（kN/m^2）；Q_c 为平均贯入阻力（N）；A 为锥尖底面积（mm^2）。

附录 D
六价铬浸出试验方法

D.0.1　进行浸出试验时采用水平振荡法，试验方法参考《固体废物　浸出毒性浸出方法　水平振荡法》(HJ 557)。

D.0.2　使用水平振荡法进行试验时，应符合以下规定。

1　每做 20 个样品或每批样品(样品量少于 20 个时)至少做一个浸出空白样品。

2　每批样品至少做一个加标回收样品。取过筛后的待测样品，分成相同的两份。向其中一份中加入已知量的待测物标准样品，按照 HJ 557 规定步骤进行浸提分析，计算待测物的回收率。

3　每 10 个样品至少做一个平行双样。

4　使用玻璃瓶采集浸出液样本，采集时加入氢氧化钠，调节 pH 为 8，采集后需要尽快测定，如放置，不要超过 24 h。

D.0.3　使用《固体废物　六价铬的测定　二苯碳酰二肼分光光度法》(GB/T 15555.4)进行六价铬浸出浓度计算时，浸出浓度 c 应按式(D.0.3-1)计算：

$$c=\frac{m}{V} \tag{D.0.3-1}$$

式中：m——由标准曲线查得的试件的六价铬含量(μg)；

V——试件的体积(mL)。

D.0.4　使用《固体废物　六价铬的测定　二苯碳酰二肼分光光度法》(GB/T 15555.4)测定六价铬浓度时，六价铬的具体浓度通过试验确定，若试验过程中发现测定吸光度超出标准曲线最大吸光度时，应选择对浸出样品进行稀释后按照该方法再次测定。

本规程用词用语说明

1　为便于在执行本规程条文时区别对待，对要求严格程度不同的用词说明如下。

1）表示很严格，非这样做不可的：

正面词采用“必须”，反面词采用“严禁”；

2）表示严格，在正常情况下均应这样做的：

正面此采用“应”，反面词采用“不应”或“不得”；

3）表示允许稍有选择，在条件许可时首先应该这样做的：

正面词采用“宜”，反面词采用“不宜”；

4）表示有选择，在一定条件下可以这样做的：采用“可”。

2　条文中指明应按其他有关标准执行的写法为：“应符合……的规定”或“应按……执行”。

引用标准名录

1.《硅酸盐通用水泥》GB 175

2.《水泥细度检验方法 筛析法》GB/T 1345

3.《水泥比表面积测定方法 勃氏法》GB/T 8074

4.《水泥密度测定方法》GB/T 208

5.《水泥标准稠度用水量、凝结时间与安定性检验方法》GB/T 1346

6.《水泥胶砂强度检验方法(ISO 法)》GB/T 17671

7.《固体废物浸出毒性浸出方法 水平振荡法》HJ 557

8.《固体废物 总铬的测定 二苯碳酰二肼分光光度法》GB/T 15555.5

9.《固体废物 六价铬的测定 二苯碳酰二肼分光光度法》GB/T 15555.4

10.《固体废物 金属元素的测定 电感耦合等离子体质谱法》HJ 766

11.《水质 总汞的测定 冷原子吸收分光光度法》HJ 597

12.《水质 氰化物的测定 容量法和分光光度法》HJ 484

13.《水质 氟化物的测定 茜素磺酸锆目视比色法》HJ 487

14.《软土固化剂》CJ/T 526

15.《地下水质量标准》GB/T 14848

16.《堤防工程设计规范》GB 50286

17.《土的工程分类标准》GB/T 50145

18.《混凝土用水标准》JGJ 63
19.《公路工程无机结合料稳定材料试验规程》JTG E51
20.《突固めによる土の締固め試験方法》JIS A 1210